Saranya Karunamurthi
Vinoth Kumar Bojan
Baby Janagam Ramachandran

ASIC Implementação do Multiplicador Pezaris em Arquitecturas DIT FFT

Saranya Karunamurthi
Vinoth Kumar Bojan
Baby Janagam Ramachandran

ASIC Implementação do Multiplicador Pezaris em Arquitecturas DIT FFT

ScienciaScripts

Imprint
Any brand names and product names mentioned in this book are subject to trademark, brand or patent protection and are trademarks or registered trademarks of their respective holders. The use of brand names, product names, common names, trade names, product descriptions etc. even without a particular marking in this work is in no way to be construed to mean that such names may be regarded as unrestricted in respect of trademark and brand protection legislation and could thus be used by anyone.

Cover image: www.ingimage.com

This book is a translation from the original published under ISBN 978-613-9-90061-9.

Publisher:
Sciencia Scripts
is a trademark of
Dodo Books Indian Ocean Ltd. and OmniScriptum S.R.L publishing group

120 High Road, East Finchley, London, N2 9ED, United Kingdom
Str. Armeneasca 28/1, office 1, Chisinau MD-2012, Republic of Moldova, Europe
Printed at: see last page
ISBN: 978-620-5-64790-5

Copyright © Saranya Karunamurthi, Vinoth Kumar Bojan, Baby Janagam Ramachandran
Copyright © 2023 Dodo Books Indian Ocean Ltd. and OmniScriptum S.R.L publishing group

ÍNDICE

LISTA DE ABREVIATURAS

DSP	-	Digital Signal Processing
FFT	-	Fast Fourier Transformation
ALU	-	Arithmetic Logic Unit
PP	-	Partial Product
TC	-	Two's Complement
RCA	-	Ripple Carry Adder
CSA	-	Carry Save Adder
CLA	-	Carry Look-Ahead Adder
MSB	-	Most Significant Bit
SUMBE	-	Signed- Unsigned Modified Booth Encoding
MBE	-	Modified Booth Encoding
HPM	-	High Performance Multiplier
S-RAM	-	Static- Read Only Multiplier
ASIC	-	Application Specific Integrated Circuit
HDL	-	Hardware Description Language
DFT	-	Discrete Fourier Transformation
DIT	-	Decimation- in –Time
DIF	-	Decimation-in-Frequency
BW	-	Baugh Wooley Multiplier

CAPÍTULO 1

INTRODUÇÃO

1.1 INTRODUÇÃO AO MULTIPLICADOR

Os multiplicadores digitais são amplamente utilizados em unidades aritméticas de microprocessadores e processadores de sinais digitais. O multiplicador binário normal leva mais tempo de atraso & elevada área e consumo de energia. No mundo digital actual, as funções baseadas na multiplicação são regularmente utilizadas em aplicações DSP (Digital Signal Processing) tais como FFT (Fast Fourier Transform), Convolution, e em circuitos aritméticos tais como ALU (Arithmetic Logic Unit) de microprocessadores.

A multiplicação é uma operação fundamental na maioria dos algoritmos de processamento de sinais. Os multiplicadores têm grande área, longa latência e consomem uma potência considerável e a concepção de bons multiplicadores é sempre um desafio para os desenhadores de sistemas VLSI. O objectivo de um bom multiplicador é fornecer uma velocidade fisicamente compacta e boa e deve consumir pouca energia.

A multiplicação consiste em três etapas (i) Geração parcial de produto (ii) Redução parcial do produto (iii) Cálculo do produto final. A redução da fase parcial do produto irá afectar o desempenho do multiplicador em termos de velocidade e dissipação de energia nos circuitos VLSI.

A redução parcial do produto tem latências elevadas devido à longa trajectória vertical. Normalmente utilizam-se vendedores para reduzir a trajectória vertical crítica. Mas as víboras irão criar problemas como falhas, transição de sinal desigual; e serão necessárias mais etapas para reduzir a redução parcial do produto.

Para evitar esses problemas, os compressores têm de ser implementados na concepção do multiplicador. A vantagem de utilizar compressores é fornecer uma estrutura regular na fase de redução parcial do produto.

1.2 MULTIPLICADOR ASSINADO

A representação do complemento assinado 2 pode ser utilizada para representar operandos negativos bem como positivos em multiplicação.

Exemplo: Utilizar n=6 bits para representar o produto. Os últimos 6 bits do resultado são, representando um produto positivo. Primeiro representamos ambos os operandos no complemento do 2 assinado, e depois efectuamos a multiplicação normal.

$$(-5) * (-4) = 20$$

$$4:000100; \ -4:111100; \ 5:000101; \ -5:111011$$

Os últimos 6 bits do resultado são 010100, representando um produto positivo.

$$010100_2 = 20_{10}$$

1.3 MULTIPILAR NÃO ASSINADO

Um sistema de 8 bits pode ser usado para criar 256 combinações (de 0 a 255), e as primeiras 128 combinações (0 a 127) representam números positivos. Multiplicar números não assinados em binário é bastante fácil. Um sistema de números de 4 bits podemos representar de 0 a 15. A multiplicação pode ser feita exactamente como com os números decimais, excepto que se tem apenas dois dígitos (0 e 1). Os únicos factos numéricos a lembrar são que $0*1=0$, e $1*1=1$ (isto é o mesmo que um "e" lógico).

A multiplicação é diferente da adição, pois a multiplicação de um número de n bits por um número de m bits resulta num número de n+m bits. Por exemplo: onde n=m=4 e o resultado é 8 bits. Neste caso, o resultado foi 7 bits, que pode ser aumentado para 8 bits adicionando um 0 à esquerda. Ao multiplicar números maiores, o resultado será 8 bits, com o mais à esquerda definido para 1. Desde que haja n+m bits para o resultado, não há hipótese de transbordamento. Para 2 multiplicadores de quatro bits, o maior produto possível é $15*15=255$, que pode ser representado em 8 bits.

1.4 DIFERENTES TIPOS DE MULTIPLICADORES

Estas são técnicas diferentes para a multiplicação. A forma como os produtos parciais são gerados ou resumidos é a diferença entre as diferentes arquitecturas de vários multiplicadores. Alguns dos multiplicadores são:

- Multiplicador Baugh Wooley
- Multiplicador de Pezaris Array
- Multiplicador de cabina
- Multiplicador Védico
- Multiplicadores baseados em compressores

1.4.1 Baugh Wooley Multiplicador

O multiplicador Baugh Wooley é utilizado tanto para a multiplicação de números assinados como não assinados. No multiplicador Baugh Wooley mostrado na figura 1.1 a3 e b3 são os bits de sinal. Ao multiplicar números assinados, o número de complemento negativo adiciona directamente com os produtos parciais a calcular. É concebido para multiplicação de 4 bits com MSB como bit de sinal.

O algoritmo Baugh Wooley é um algoritmo iterativo amplamente conhecido para efectuar multiplicação em aplicações DSP. A lógica de decomposição é utilizada com o algoritmo Baugh Wooley para aumentar a velocidade e para reduzir o atraso do caminho crítico. O algoritmo Baugh Wooley é utilizado em árvore multiplicadora de alto desempenho que assume a estrutura regular e repetitiva do multiplicador Array.

				b_3	b_2	b_1	b_0
				a_3	a_2	a_1	a_0
			1	$\overline{a_3 b_0}$	$a_2 b_0$	$a_1 b_0$	$a_0 b_0$
			$\overline{a_3 b_1}$	$a_2 b_1$	$a_1 b_1$	$a_0 b_1$	
		$\overline{a_3 b_2}$	$a_2 b_2$	$a_1 b_2$	$a_0 b_2$		
1	$a_3 b_3$	$\overline{a_2 b_3}$	$\overline{a_1 b_3}$	$\overline{a_0 b_3}$			
c_7	c_6	c_5	c_4	c_3	c_2	c_1	c_0

Figura 1.2 Multiplicador Baugh Wooley de 4-Bit Baugh Wooley

1.4.2 Multiplicador de Pezaris Array

O multiplicador Pezaris Array que é bem adequado para a multiplicação directa do complemento de dois. A multiplicação directa do conjunto de dois complementos pode efectuar a multiplicação "directa" dos dois complementos sem exigir as fases de complemento, acelerando significativamente o processo de multiplicação.

O multiplicador do Pezaris Array é geralmente utilizado para a multiplicação do complemento de dois. Os produtos parciais são gerados por AND gates, enquanto a secção de soma da víbora consiste em quatro tipos diferentes de víboras completas. Duas das víboras completas são ponderadas positivamente enquanto as outras duas víboras completas são ponderadas negativamente.

Abaixo estão as expressões booleanas para o transporte e a soma dos quatro tipos de víboras: onde os tipos 0 e 1 são ponderados positivamente enquanto os tipos 2 e 3 são ponderados negativamente. A saída da soma é a mesma para todos os tipos completos: $S= x'y'z + x'y z' +x y'z' + x y z$. A execução para cada tipo é $C = x y + x z + y z$ para os tipos 1 e $C = x y + x z' + y z'$ **para os** tipos 1 e 2. A saída do multiplicador de matriz também pode ser lida em série, sendo os bits menos significativos calculados antes dos bits mais significativos.

1.4.3 Multiplicador de cabina

O algoritmo multiplicador de cabina representa tanto números positivos como negativos de forma uniforme. Minimiza o número de multiplicadores e multiplicadores. O algoritmo de multiplicação de cabina consiste em três etapas principais que incluem a geração de produto parcial chamado de recodificação, reduzindo o produto parcial em N por duas linhas, e adição que dá o produto final. Na multiplicação de cabina, a geração de produto parcial é feita com base no esquema de recodificação, por exemplo, codificação Radix 2.

Os bits de multiplicação (Y) são agrupados da esquerda para a direita e a operação correspondente no multiplicador (X) é feita de modo a gerar o produto parcial. A multiplicação de barraca Radix-2 geração de produto parcial é feita com base na codificação mostrada no Quadro1.4.1. O esquema de codificação paralela utilizado no multiplicador de cabines radix-2 é também mostrado no Quadro 1.4.1.

Para análise comparativa, é implementado um multiplicador de cabina de 4 bits para optimizar o melhor desempenho com vários parâmetros. O algoritmo de cabina Radix-4 é utilizado para aumentar a velocidade do multiplicador e reduzir a área do circuito do multiplicador. Com base nos bits multiplicadores, o processo de codificação do multiplicand é executado pelo codificador de cabina radix-4.

(i) Radix 2

Na multiplicação de cabines, a geração parcial de produtos é feita com base no esquema de recodificação, por exemplo, a codificação do Radix 2. Os bits de multiplicação (Y) são agrupados da esquerda para a direita e a operação correspondente no multiplicador (X) é feita de modo a gerar o produto parcial. A multiplicação parcial do Radix-2 é feita com base na codificação que é dada pelo Quadro1.4.1. O esquema de codificação paralela utilizado no multiplicador de cabines radix-2 é apresentado no Quadro 1.4.1.

Tabela 1.4.1 Tabela de codificação de cabinas para o Radix 2

Q_n	Q_{n+1}	Recoded Booth	Operation
0	0	0	Shift
0	1	+1	Add x
1	0	-1	Subtract x
1	1	0	Shift

(ii)   Radix4

Uma das soluções para obter multiplicadores de alta velocidade é melhorar o paralelismo. Ajuda a diminuir o número de etapas de cálculo consecutivas. A versão original do multiplicador deBooth (Radix - 2) tinha dois inconvenientes.

(1) O número de operações de adição ou subtracção tornou-se variável e, por conseguinte, tornou-se difícil durante a concepção de multiplicadores paralelos. (2) O Algoritmo torna-se desorganizado quando há 1s isolados.

Estes problemas são derrubados utilizando o algoritmo do Radix 4 Booth que pode navegar em cadeias de três bits com o algoritmo. A recodificação acima tem a agradável característica de se traduzir nos produtos parciais mostrados na tabela 1.4.2.

Tabela 1.4.2 Recodificação de cabina para Radix-4

Multiplier Bits Blocks			Recoded 1-Bit Pair		2-Bit Booth	
i+1	I	i-1	i+1	I	Multiplier Value	Partial Product
0	0	0	0	0	0	Mx0
0	0	1	0	1	1	Mx1
0	1	0	1	-1	1	Mx1
0	1	1	1	0	2	Mx2
1	0	0	-1	0	-2	Mx-2
1	0	1	-1	1	-1	Mx-1
1	1	0	0	-1	-1	Mx-1
1	1	1	0	0	0	Mx0

1.4. MÚLTIPLIER VÉDICO

A Matemática Védica é um sistema antigo de matemática existente na Índia. Nesta abordagem eminente, os métodos da aritmética básica são simples, poderosos e lógicos. Outra vantagem é a sua regularidade. Estas vantagens tornam a Matemática Védica um tópico importante para a investigação. As regras da Matemática Védica são baseadas principalmente em dezasseis Sutras.

Destes dezasseis Urdhva Triyakbhyam sutras de Sutra e Nikhilam sutras são utilizados para multiplicação. Os multiplicadores védicos são considerados como os melhores em comparação com os multiplicadores convencionais e a multiplicação baseada em Urdhva Triyakbhyam Sutra é mais eficiente em comparação com a do Nikhilam Sutra.

A implementação da matemática Védica na FPGA é fácil devido à sua regularidade e simplicidade. Todos os produtos parciais necessários para a multiplicação são calculados muito antes do início da multiplicação efectiva. Esta é a grande vantagem desta multiplicação.

Com base no algoritmo Vedic Mathematics, estes produtos parciais são adicionados para obter o produto final, o que leva a uma abordagem de muito alta velocidade. Os desenhos multiplicadores baseados na matemática Vedic são de alta velocidade e consomem uma potência relativamente baixa.

Os multiplicadores são os blocos básicos e chaves de um processador de Sinal Digital. A multiplicação é o processo chave para melhorar a velocidade computacional do DSP. Convolução, FFT e várias outras transformações fazem uso de blocos multiplicadores.

Entre vários métodos de multiplicação na matemática védica, Urdhva Tiryagbhyam é eficiente. Urdhva Tiryagbhyam é uma fórmula de multiplicação geral aplicável a todos os casos de multiplicação.

A Matemática Védica inicia as magníficas aplicações ao cálculo e verificação aritmética, teoria dos números, multiplicações complexas e fracções parciais. A Matemática Védica é o antigo sistema de matemática que tem uma técnica única de cálculos baseados eml6 Sutras que são descobertos por Sri Bharti Krishna Tirthaji. O multiplicador védico com multiplicador de 4 bits foi concebido e utilizámos Urdhva-Tiryaghbhyam sutra conhecido como "verticalmente e transversalmente" e é uma fórmula de multiplicação geral que pode ser testada para todo o tipo de multiplicação.

A especialidade deste sutra é que a geração e adição parcial de produtos pode ser feita ao mesmo tempo em simultâneo. É mais eficaz na multiplicação binária e é bem adequado para processamento paralelo que, por sua vez, minimiza o atraso num desenho. Finalmente, os resultados da simulação do multiplicador Vedic são comparados com outros multiplicadores. No multiplicador Vedic, os passos a seguir para multiplicar os bocados assinados e não assinados são mostrados como inequação 1.4.1 a 1.4.7.

STEP 1: S0=A0*B0 **(1.4.1)**

STEP 2: S1=A1*B0+A0*B1**(1.4.2)**

STEP 3: S2=A2*B0+A0*B2+A1*B1   **(1.4.3)**

STEP4: S3=~A3*B0+~A0*B3+A2*B1+A1*B2**(1.4.4)**

STEP 5: S4=~A3*B1+~A1*B3+A2*B2 **(1.4.5)**

STEP 6: S5=~A3*B2+~A2*B3   **(1.4.6)**

STEP 7: S6=A3*B3   **(1.4.7)**

1.4.5 Multiplicadores baseados em compressores

Existem vários tipos de Compressores disponíveis para multiplicação assinada e que provaram ser assinados de forma eficiente. Propusemos novos compressores como 4-3, 5-3, 6-4, 7-4 e 8-5 que podem tratar tanto de bits assinados como não assinados.

1.5   MOTIVAÇÃO PARA A INVESTIGAÇÃO

A principal motivação do projecto é conceber uma estrutura borboleta de quatro pontos de alta velocidade e eficiência energética. Um algoritmo FFT pode ser aplicado quando o número de amostras no sinal é de potência de dois. O cálculo FFT toma (N/2) X log2 N multiplicações e N X log2 N adições. Quando comparado com o DFT, o FFT toma menos números de cálculos. Duas formas diferentes estão disponíveis em FFT. São elas,

Decifração em Frequência (DIF). Tanto a DIT como a DIF utilizam a estrutura borboleta para calcular a FFT.

1.6   OBJECTIVOS DA INVESTIGAÇÃO

O principal objectivo do projecto é conceber um algoritmo FFT, que pode ser implementado em aplicações de Processamento Digital de Sinais (DSP). Em seguida, os multiplicadores Signed and Unsigned do multiplicador Pezaris Array são comparados com os seus parâmetros como atraso, potência e área. Para pesquisar o desempenho de multiplicadores Assinado e Não Assinado como o Multiplicador Baugh Wooley, Multiplicador Pezaris e Multiplicador utilizando compressores Assinados. Para escolher o multiplicador eficiente e implementá-lo na arquitectura Butterfly envolvendo o algoritmo FFT.

1.7 ESBOÇO DO RELATÓRIO

O esboço deste relatório inclui os capítulos seguintes.

- **Capítulo!** dá uma breve descrição de várias literaturas relacionadas com o design do multiplicador Signed, Unsigned Unsigned e a arquitectura doFFT.
- **O capítulo 3** apresenta as metodologias utilizadas no multiplicador da matriz Pezaris juntamente com a sua implementação.
- **O capítulo 4** retrata as metodologias utilizadas na arquitectura DIT baseada em FFT proposta e a sua implementação.
- **O capítulo 5** apresenta os resultados da simulação e a análise do desempenho dos multiplicadores Assinado e Não Assinado.
- **O capítulo 6** dá a conclusão do trabalho feito e do trabalho a ser feito no futuro.

CAPÍTULO 2

PESQUISA BIBLIOGRÁFICA

2.1 INTRODUÇÃO

Este capítulo analisa o trabalho de investigação e estudos que têm sido feitos em diferentes tipos de Multiplicadores.

2.2 EVOLUÇÃO DA ARQUITECTURA SIMULTÂNEA PARA MULTIPLICADORES ASSINADOS E NÃO ASSINADOS

Abhishek Mukherjee & Abhijit Asati (2013) [1], propôs o padrão estrutural necessário para criar um código HDL genérico para um multiplicador rápido de Baugh Wooley foi descrito. Foi apresentado o algoritmo de multiplicação Baugh Wooley e os passos para criar um código HDL genérico para um multiplicador rápido N X N Baugh Wooley. O trabalho ajudará os desenhadores ASIC digitais a gerar multiplicadores Baugh Wooley de qualquer tamanho de operando usando o mesmo código HDL, alterando o valor do parâmetro de tamanho de operando, reduzindo assim os esforços de desenho. Na arquitectura Baugh Wooley modificada, a víbora de ondulação na fase final da arquitectura convencional Baugh Wooley é substituída por uma víbora de selecção linear, resultando numa melhoria da velocidade. A melhoria é significativa para multiplicadores de maiores dimensões. A arquitectura Baugh Wooley modificada é considerada superior à arquitectura convencional Baugh Wooley, tanto em termos de atraso como em termos de potência do produto. O multiplicador Baugh Wooley modificado é também mais rápido do que a arquitectura multiplicadora padrão gerada pela ferramenta de síntese.

Abhilash R., Sanjay Dubey & Chinnaiah M.C., (2016) [2], propôs uma nova abordagem em Compressores quando aplicados em diferentes tipos de multiplicadores assinados e não assinados. As arquitecturas de compressores propostas têm mostrado melhores resultados quando comparadas com os compressores existentes. A implementação do design ASIC foi feita utilizando a tecnologia CMOS de célula padrão 180nm e o código Verilog HDL é testado na ferramenta Xilinx, com a ajuda do Simulador ISE (ISim).

Jorn Stohmann & Erich Barke (1997) [3], propôs uma nova abordagem para a implementação de multiplicadores de gama rápidos de qualquer comprimento de palavra em FPGAs baseados em SRAM. O método proposto é baseado num modelo FPGA genérico e, portanto, adequado para a maioria dos dispositivos FPGA comerciais. Tendo em conta a estrutura lógica do multiplicador, o mapeamento da tecnologia incluindo a geração de estrutura adaptativa, bem como a colocação e partição automática do fluxo de sinal, são eficientemente executados, produzindo implementações de maior desempenho e melhor utilização de recursos. O desenho lógico do multiplicador é construído com respeito a diferentes tipos de configuração FPGA e com respeito ao objectivo de optimização, área mínima ou atraso mínimo. Isto é conseguido através de uma combinação da etapa de geração e mapeamento da tecnologia, chamada geração de estrutura adaptativa.

Kapse Y.D, Pooja R. Sarang pure & Komal M. Lokhande (2017) [4], implementou o bloco básico de construção: 16 x 16 multiplicador védico baseado em Urdhva- Tiryagbhyam Sutra. Este multiplicador védico é codificado em VHDL e sintetizado e simulado usando Xilinx ISE 13.2. Além disso, o desenho do multiplicador de matriz em VHDL é comparado com o multiplicador proposto em termos de velocidade e memória. Com o advento de nova tecnologia no domínio da VLSI, comunicação e processamento de sinais, há uma procura sempre crescente de processamento de alta velocidade e concepção de áreas baixas. Neste artigo, introduz-se a arquitectura modificada do multiplicador baseado em compressores. Esta estrutura modificada utiliza as arquitecturas de compressores 4:2 e 7:2. Além disso, utiliza a matemática Vedic para obter uma operação de multiplicação de alta velocidade e um desenho de baixa área. O desenho e as experiências realizadas foram realizadas numa série Xilinx Spartan 3E da FPGA e discutidos sobre os resultados da área e velocidade.

Marimuthu R. e Mallick P.S., (2017) [5], apresenta o desenho do multiplicador assinado usando vários compressores. Conceberam 4-3 e 5-3 compressores com dois e um bit assinado para multiplicadores assinados. Este multiplicador assinado proporciona baixa dissipação de energia e alta velocidade do que um multiplicador assinado convencional. Além disso, foi concebida a estrutura Radix -2 FFT de quatro pontos utilizando os multiplicadores assinados propostos. Utilizaram um compressor multicoluna 5-3 para combinar vendedores e subtractores na estrutura FFT de quatro pontos. Proporciona melhor desempenho em termos de velocidade e potência. Além disso, o conceito de tubagem foi incorporado na estrutura borboleta de quatro pontos, o que reduz ainda mais o atraso e a potência. Este desenho foi implementado utilizando o compilador Cadence RTL com tecnologia TSMC 90nm. Este documento propõe a concepção de compressores assinados 4-3 e 5-3 com um e dois bits de sinal. Em seguida, o multiplicador assinado é concebido com a ajuda do compressor proposto. A crescente procura de um multiplicador assinado necessita de um melhor desenho.

Savita Nair &Ajit Saraf(2014) [6], implementou o multiplicador básico Array é o mais simples de todos os multiplicadores na sua complexidade de circuitos e, portanto, ocupa uma pequena área, mas estes multiplicadores multiplicam-se a baixa velocidade utilizando o algoritmo básico de adição e deslocamento e consomem o máximo de potência. É feito um estudo comparativo de quatro multiplicadores, nomeadamente, multiplicador Array, multiplicador de cabine modificado, multiplicador de árvore Wallace e multiplicador de árvore Booth-Wallace modificado com base em vários parâmetros de desempenho como velocidade, área, potência consumida e complexidade de circuito. É sempre necessário conceber um multiplicador rápido em VLSI de modo a melhorar o desempenho do sistema. Entre todas as operações aritméticas existentes, um processador consome a maior parte do seu tempo e recursos de hardware na realização da multiplicação quando comparado com outras operações como adição e subtracção.

Magnus Sjalander e Per Larsson-Edefors (2008) [7], propuseram o algoritmo modificado - Booth, que é comummente utilizado hoje em dia, torna o desenho multiplicador complexo e é necessário um esforço de desenho significativo para obter uma implementação eficiente. A decisão de concepção de utilizar o algoritmo de Booth modificado baseia-se muito provavelmente na noção de que um circuito de redução mais pequeno consegue uma melhor implementação. A profundidade lógica através da árvore de redução HPM difere apenas por um ou dois vectores completos para uma implementação de uma aplicação de Both modificada e Baugh-Wooley da mesma largura de bit operando. O caminho crítico de um multiplicador-Booth modificado está localizado no seu codificador e descodificador. É difícil prever uma implementação de Booth modificada que pode ser muito mais rápida do que uma implementação Baugh-Wooley, independentemente do esquema de recodificação utilizado. Tomando em consideração a potência, energia por operação e área, observa-se que o ganho pela redução do circuito de redução se perde no circuito de recodificação, fazendo com que uma implementação-Booth modificada tenha um desempenho pior do que uma implementação Baugh-Wooley.

Nuno Bandeira, Ken Vaccaro & James A. Howard (1983) [8], propuseram um novo algoritmo para implementar a multiplicação do complemento dos dois de um número m X n bit. Ao interpretar certos bits de produto parcial positivos como negativos, desenvolve-se uma matriz paralela que tem a vantagem de utilizar apenas um tipo de célula de adição. É apresentada uma comparação com as matrizes Pezaris e Baugh-Wooley, mostrando que a nova matriz é tão rápida como a matriz Pezaris e utiliza menos hardware do que a implementação Baugh-Wooley.

Pramod S. Aswale, Mukesh P. Mahajan, Manjul V. Nikumbh & Omkar S. Vaidya (2015) [9], apresenta uma implementação eficiente de um multiplicador de alta velocidade e baixa potência usando shift e acrescenta métodos de multiplicador Baugh Wooley. Este estudo apresentou a concepção e implementação de multiplicadores Baugh Wooley usando Cadence (Encounter) RTL Complier. Neste trabalho, Baugh Wooley modificado está a ter menos área, potência e atraso. A arquitectura Modificada Baugh Wooley é 109X mais rápida do que o multiplicador de matriz convencional e

102X mais rápida do que a Baugh Wooley convencional. A frequência de funcionamento do multiplicador de 5 x 5 Design Modificado Baugh Wooley é de 160MHz. A selecção do multiplicador deve ser feita em função da medida de desempenho e da natureza da aplicação.

Pramodhini Mohanty (2013) [10], propôs uma implementação eficiente de um multiplicador de alta velocidade utilizando o método de deslocamento e acrescenta o multiplicador Baugh Wooley. Este multiplicador paralelo utiliza vectores menores e etapas iterativas menores. Como resultado, ocupam menos espaço em comparação com o multiplicador de série. Este artigo apresenta uma comparação entre várias arquitecturas multiplicadoras com a área, velocidade e potência como principais restrições. Observa-se que a arquitectura Baugh Wooley fornece valores optimizados para várias restrições e, portanto, adequada para a multiplicação de bits longos até menos de 32 bits. As técnicas de registo de condutas são utilizadas para melhorar as características do multiplicador.

Rahul Shrestha & Utkarsh Rastogi(2016) [11], apresenta uma arquitectura de baixo consumo de energia eficiente para um multiplicador de cabines configurável. É sintetizada e pós-layout simulada usando o processo CMOS de 90 nm e ocupa 9511 µm2 e consome 1,73 mW a 167 MHz Comparativamente, a arquitectura de multiplicador proposta requer 43,12% e 75,65% menos área e potência, respectivamente, em comparação com o estado da arte da obra. Contudo, o compromisso entre a latência e a área pode ser aceite uma vez que a redução de área e potência supera o ligeiro aumento da latência. A arquitectura proposta é rentável em termos de silício utilizado na área do chip e no consumo de energia. Assim, o multiplicador proposto pode ser utilizado em aplicações multimédia robustas, onde existe um requisito de baixa potência e menor área de silício.

Ravindra P Rajput &Shanmukha Swamy M.N., (2012) [12],apresenta o desenho e implementação de um multiplicador de codificação de cabina modificada (SUMBE) não assinado. O presente multiplicador Modified Booth Encoding (MBE) e o multiplicador Baugh-Wooley realizam a operação de multiplicação apenas em números assinados. O multiplicador de matriz e os multiplicadores Braun realizam a operação de multiplicação apenas em números não assinados. Assim, a exigência do sistema informático moderno é uma unidade multiplicadora única dedicada e de muito alta velocidade para números assinados e não assinados. Portanto, este documento apresenta a concepção e implementação do multiplicador SUMBE. O circuito codificador de cabina modificado gera metade dos produtos parciais em paralelo. Ao estender o bit de sinal dos operandos e gerar um produto parcial adicional, obtém-se o multiplicador SUMBE. A árvore Carry Save Adder (CSA) e a víbora final Carry Lookahead (CLA) utilizada para acelerar a operação do multiplicador. Uma vez que a operação de multiplicação assinada e não assinada é executada pela mesma unidade multiplicadora, o hardware necessário e a área do chip são reduzidos e isto, por sua vez, reduz a dissipação de energia e o custo de um sistema.

Shweta Bhadange, Tejal Salunke, Kiran Shinde & Kamde Archana G., (2017) [13], implementou um multiplicador Baugh Wooley Signed é melhor e optimizado, em comparação com os seus equivalentes existentes no que diz respeito ao número de portões, entradas constantes, saídas de lixo, complexidade de hardware e número de transístores necessários. Mas também resulta em baixa dissipação de energia na concepção lógica convencional. Além disso, as células padrão foram implementadas em CMOS de 0,6m, utilizando lógica de transistor de passagem complementar. A colocação e encaminhamento do multiplicador convencional proposto pode ser efectuado através de ferramentas como o Cadence Encounter. A optimização pode ser feita reduzindo o número de portões, ou os atrasos do circuito, mas neste caso, permitir-nos-ia também melhorar a colocação e o encaminhamento das células. O número de transístores necessários pode ser ainda mais reduzido na implementação da adição de multi-operadores.

Shubhangi M. Joshi (2015) [14], apresentou uma revisão sobre a Transformada de Fourier Rápida (FFT) é um dos algoritmos mais eficientes amplamente utilizados no campo do moderno processamento de sinais digitais para calcular a Transformada de Fourier Discreta (DFT). A FFT é utilizada em tudo, desde banda larga a 3G e TV Digital a LAN's de rádio. Devido aos seus requisitos computacionais intensivos, ocupa uma grande área e consome muita energia em hardware. Diferentes algoritmos eficientes são desenvolvidos para melhorar a sua arquitectura. Este documento dá uma visão geral do trabalho realizado anteriormente pelos diferentes processadores FFT.

Srinu D., Rambabu S. &Leenendra Chowdary G., (2014) [15], propôs uma arquitectura de multiplicação rápida para multiplicações assinadas no formato Q usando o método Urdhava Tiryakbhyam de matemática védica baseado em compressores. Uma vez que a representação em formato Q é amplamente utilizada em Processadores Digitais de Sinais. O método proposto de Urdhava Tiryakbhyam comprimido pode acelerar substancialmente a operação de multiplicação, que é o bloco de hardware básico. Ocupa menos área e mais rapidamente do que o método Urdhava Tiryakbhyam. Portanto, o multiplicador de Urdhava Tiryakbhyam comprimido no formato Q é mais adequado para aplicações de processamento digital de sinais que requerem multiplicações mais rápidas.

Sherin Alex & Sunita Deshmukh (2014) [16], proposto baseia-se no algoritmo de multiplicação de Baugh Wooley que é utilizado na multiplicação assinada por dois complementos. O trabalho proposto de concepção e implementação de um multiplicador baseado no algoritmo de multiplicação Baugh-Wooley, que é eficiente em termos de potência, encanada e reconfigurável, deverá ter melhores atributos de desempenho em termos de consumo de energia. Além disso, o desenho pode ser testado para diferentes comprimentos de bits. Como a principal preocupação dos designs actuais é desenvolver sistemas de baixa potência, muito trabalho pode ser realizado neste campo. Juntamente com as técnicas de alimentação de relógio e de entrada zero, outras técnicas de desenho de baixa potência podem ter sido trabalhadas para serem incorporadas no desenho. Isto ajudará a uma maior redução do consumo de energia.

Assim, uma estrutura eficiente e reconfigurável pode ser utilizada para conceber multiplicadores de bit de tamanhos variados, também se pode trabalhar na utilização da concepção para aplicações como computadores com consciência de potência e aplicações DSP.

Sowjanya K., &Leele Kumari B., (2013) [17],propõe a análise do desempenho de 32 e 64 pontos FFT usando o Algoritmo RADIX-2 e concentra-se no Domínio de DecimationIn-Time (DIT) da Transformada Rápida de Fourier (FFT). A Técnica de Computação FFT é utilizada na Ampla Gama da sua Matemática, Auto Correlação, Compressão de Dados, Reconhecimento de Padrões, etc. Neste trabalho, um desenho FFT de 32 e 64 pontos utilizando o algoritmo Radix-2, e a sua simulação e síntese são feitas pela Ferramenta de Síntese Xilinx em Vértice. Os Resultados da Síntese mostram a comparação de FFT de 32 e 64 pontos em termos de Velocidade e Complexidade Computacional. Fast Fourier Transform é um algoritmo utilizado para calcular a Transformada Discreta de Fourier (DFT) de uma série finita. A análise do desempenho também pode ser feita entre algoritmos FFT de um único Radix e Split-Radix, tendo em consideração vários parâmetros.

CAPÍTULO 3

MULTIPLICADOR DA MATRIZ PEZARIS

3.1 METODOLOGIA

O multiplicador Pezaris Array é adequado para a multiplicação directa do complemento 2. O pré-cálculo dos valores assinados através da utilização de vários tipos de víboras do tipo O para o tipo 3 acelera a operação de multiplicação. Os produtos parciais são produzidos por AND gates, enquanto a secção de soma da víbora consiste em quatro vários tipos de víboras completas. Concebemos um multiplicador de 4 bits baseado nos conceitos de multiplicador do Pezaris Array. Duas das víboras completas onde o tipo O e 1 são ponderados positivamente enquanto as outras duas víboras completas onde o tipo 2 e 3 são ponderados negativamente.

No tipo O, que indica uma víbora normal, as três entradas X, Y, Z são ponderadas positivamente e o resultado situa-se no intervalo {O,3}. Este resultado é definido por um número binário de 2 bits C, S onde C e S também são ponderados positivamente. Nos outros três tipos há alguns sinais, representados pelos pontos, que são ponderados negativamente.

As equações aritméticas que representam as relações de entrada ou saída dos quatro tipos de vendedores completos generalizados são mostradas na equação 3.1.1 a 3.1.4. Da **figura 1.2** o tipoO é usado em C2= a2bO+a1b1+aOb2, C3= -a3bO+a2b1+a1b2 usa o tipo 1 adder, o tipo 2 adder é usado em C4= -a3b1+a2b2-a1b3 e o tipo 3 é usado se todos os produtos parciais estiverem em bits assinados. Os resultados obtidos para o multiplicador proposto são mostrados no quadro 5.3.1.

Type0: $C2^1 + S2^0 = X2^0 + Y2^0 + Z2^0$ $\qquad\qquad$ **(3.1.1)**

Type1: $C2^1 + (-S)2^0 = X2^0 + Y2^0 + (-Z)2^0$ $\qquad$ **(3.1.2)**

Type2: $(-C)2^1 + S2^0 = (-X)2^0 + (-Y)2^0 + Z2^0$ $\qquad$ **(3.1.3)**

Type3: $(-C)2^1 + (-S)2^0 = (-X)2^0 + (-Y)2^0 + (-Z)2^0$ $\qquad$ **(3.1.4)**

Estas quatro equações aritméticas conduzem às descrições da tabela da verdade dos quatro vendedores completos generalizados apresentados no quadro seguinte 3.1.1.

Tabela 3.1.1 Tabela de Verdade Descrevendo os 4 Tipos de Adições Generalizadas Completas

Full Adder	Weighted Inputs			Weighted Outputs	
Type 0	$X2^0$	$Y2^0$	$Z2^0$	$C2^1$	$S2^0$
Type 1	$-X2^0$	$-Y2^0$	$-Z2^0$	$-C2^1$	$-S2^0$
	0	0	0	0	0
	0	0	1	0	1
	0	1	0	0	1
TRUTH TABLE	0	1	1	1	0
	1	0	0	0	1
	1	0	1	1	0
	1	1	0	1	0
	1	1	1	1	1
Type 1	$X2^0$	$Y2^0$	$-Z2^0$	$C2^1$	$-S2^0$
Type 2	$-X2^0$	$-Y2^0$	$Z2^0$	$-C2^1$	$S2^0$
	0	0	0	0	0
	0	0	1	0	1
	0	1	0	1	1
TRUTH TABLE	0	1	1	0	0
	1	0	0	1	1
	1	0	1	0	0
	1	1	0	1	0
	1	1	1	1	1

CAPÍTULO 4

ARQUITECTURAS DE VALAS BASEADAS EM FFT PROPOSTAS

4.1 Transformada rápida de Fourier:

Uma transformação rápida de Fourier (FFT) é qualquer algoritmo rápido para computar a DFT. O desenvolvimento de algoritmos de FFT teve um impacto tremendo nos aspectos computacionais do processamento de sinais e na ciência aplicada. A DFT de um sinal de ponto N

$$\{x[n], 0 \leq n \leq N\text{-}1\} \quad \textbf{(4.1.1)}$$

é definido como

$$X[k] = \sum_{n=0}^{N-1} x[n]\, W_N^{-kn}, \quad 0 \leq k \leq N - 1 \tag{4.1.2}$$

Onde

$$W_N = e^{j2\pi}/_N = \cos\left(\frac{2\pi}{N}\right) + j\,\sin\left(\frac{2\pi}{N}\right) \tag{4.1.3}$$

É a principal N^{th} raiz da unidade.

4.2 Algoritmo DFT:

Uma transformação DFT que é definida como

$$x(k) = \sum x(n) W_N^{kn} \quad k = 0,1,2,\ldots N\text{-}1 \tag{4.2.1}$$

$$W_N^{kn} = e^{-j2\pi nk/N} \tag{4.2.2}$$

Estas equações mostram que para calcular todos os valores N DFT é necessário N^2 multiplicações complexas e N(N-1) adições complexas. A quantidade de cálculo e, portanto, o tempo de cálculo, é aproximadamente proporcional a №. Custará um longo tempo de cálculo para grandes valores de N. Por esta razão, é muito importante reduzir o número de multiplicações e adições.

O algoritmo FFT lida com estes problemas de complexidade através do emprego de regularidades no algoritmo DFT. Decimation-in-Time (DIT) FFT utiliza a mesma lógica mas dividas em sequências menores DFT e estas sequências posteriores são combinadas num certo padrão para obter a DFT necessária de toda a sequência.

RADIX-2 Algoritmos o cálculo do N=2-point DFT pela abordagem de dividir e conquistar. As sequências de dados de N-pontos divididas em duas partes fl(n) e f2(n) correspondentes às amostras de números pares e ímpares de x(n), respectivamente, ou seja

$$fl\ (n) = x(2n) \text{ e } f2(n)=x(2n+l) \quad n=0,l... N/2-1 \qquad \textbf{(4.2.3)}$$

O fl(n) e f2(n) são obtidos decimando x(n) por um factor de 2, e por isso o algoritmo FFT resultante é chamado algoritmo de decimation-in-time. O número de pontos de saída N pode ser expresso como uma potência de 2, ou seja, N=2^A M, onde M é um número inteiro. $\frac{N}{2}\log_2 N$ denota multiplicações complexas. N $\log_2$ N denota adições complexas.

A implementação do DIT FFT é feita e a área de potência e os parâmetros de atraso são calculados e é apresentada no quadro 6. O diagrama Butterfly para a arquitectura Radix 2 DIT FFT é mostrado na figura 2, que toma 4 dados binários de 2 bits como sequência de amostra. Envolve uma etapa intermédia no cálculo. O multiplicador concebido é utilizado para o cálculo do produto do factor de torção, como se mostra na figura 4.1.

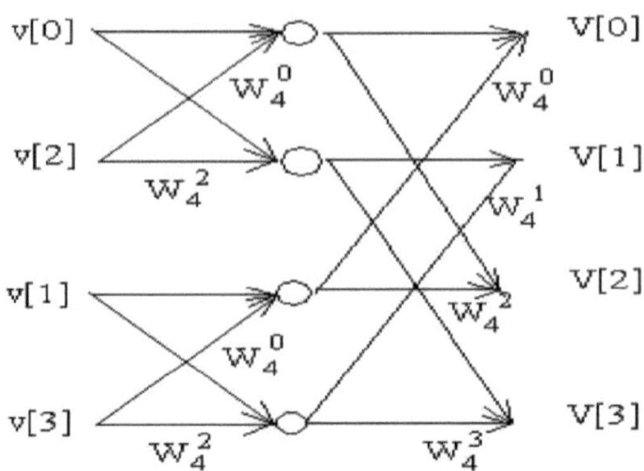

Figura 4.1 Radix-2 DIT-FFT de 4 pontos

4.3 METODOLOGIA

4.3.1 Proposta de 8 pontos DIT de Arquitectura FFT:

É proposto um DIT de 8 pontos da arquitectura FFT para obter resultados optimizados, utilizando o multiplicador Pezaris Array. As operações assinadas e não assinadas do DIT de 8 pontos da arquitectura FFT são implementadas utilizando vários tipos de multiplicador do Pezaris Array.

A partir do diagrama Butterfly de 8 pontos DIT da arquitectura FFT, pode ser classificado em três fases. No sistema proposto, as fases 1 e 2 utilizam a estrutura de tipo 0 e tipo 1.

Na fase 3 utiliza a estrutura de tipo 0, tipo 1 e tipo 2 e, além disso, é calculado o ponto flutuante do factor de torção. O sistema proposto de três fases é concebido por vendedores, subtractores e multiplicadores são mostrados na tabela abaixo.

Tabela 4.1 Parâmetros de concepção de 8 pontos DIT de Arquitectura FFT

Stages	No. of Adders	No. of Subtractors	No. of Multipliers
I	4	4	0
II	4	4	0
III	11	8	13

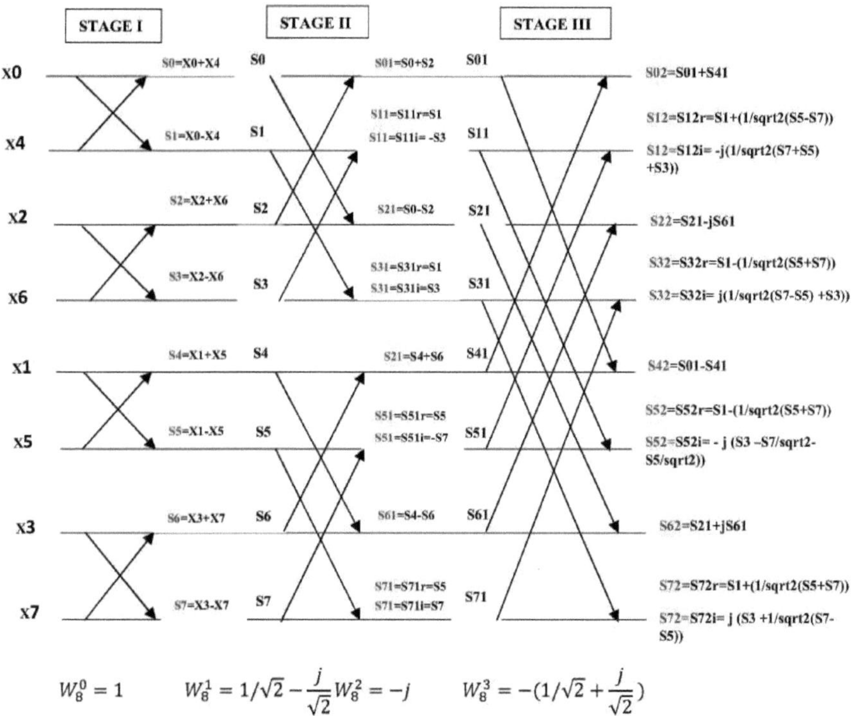

$$W_8^0 = 1 \qquad W_8^1 = 1/\sqrt{2} - \frac{j}{\sqrt{2}} \qquad W_8^2 = -j \qquad W_8^3 = -(1/\sqrt{2} + \frac{j}{\sqrt{2}})$$

Figura 4.2 Diagrama de blocos da proposta de 8 pontos DIT da arquitectura FFT

4.4 ILUSTRAÇÃO:

Para DIT FFT, a entrada está em ordem inversa e a saída está em ordem normal. O cálculo do DFT de 8 pontos de x(n) = {xO, xl, x2, x3, x4, x5, x6, x7}, ou seja, x(k) por Radix 2 DIT FFT Algoritmo.

Na Fase 1, Fase 2 e Fase 3 os vendedores, subtractores e multiplicadores normais são concebidos no sistema proposto e, além disso, é adicionada a Fase 3 com o ponto de flutuação do factor de torção.

FACTORES DE EQUILÍBRIO:

$$W_8^0 = 1 \qquad W_8^1 = 1/\sqrt{2} - \frac{j}{\sqrt{2}} \qquad W_8^2 = -j \qquad W_8^3 = -(1/\sqrt{2} + \frac{j}{\sqrt{2}})$$

Por exemplo: As entradas das amostras estão em ordem inversa de bits x(n) = {xO, x4, x2, x6, xl, x5, x3, x7}

CÁLCULOS:

ETAPA l: Da equação 3.1.1 & 3.1.2 **o tipo 0 e tipo 2** é considerado para esta fase.

$$S0 = X0 + X4$$

$$S1 = X0 - X4$$

$$S2 = X2 + X6$$

$$S3 = X2 - X6$$

$$S4 = X1 + X5$$

$$S5 = X1 - X5$$

$$S6 = X3 + X7$$

$$S7 = X3 - X7$$

ETAPA 2: Da equação 3.1.1 & 3.1.2 **o tipo 0 e tipo 2** é considerado para esta fase.

$$S01 = S0 + S2$$

$$S11 = S11r + S11i; \ S11r = S1; \ S11i = -S3;$$

$$S21 = S0 - S2$$

$$S31 = S31r + S31i; \ S31r = S1; \ S31i = S3;$$

$$S41 = S4 + S6$$

$$S51 = S51r + S51i; \ S51r = S5; \ S51i = -S7;$$

$$S61 = S4 - S6;$$

$$S71 = S71r + S71i; \ S71r = S5; \ S71i = S7;$$

ETAPA 3: Da equação 3.1.1 & 3.1.3 o **tipo 0, tipo 1 e tipo 2** é considerado para esta fase.

$S02 = S01 + S41$

$S12=S12r=S1+(1/sqrt2(S5-S7))$

$S12=S12i= -j(1/sqrt2(S7+S5) +S3))$

$S22=S21-jS61$

$S32=S32r=S1-(1/sqrt2(S5+S7))$

$S32=S32i= j(1/sqrt2(S7-S5) +S3))$

$S42=S01-S41$

$S52=S52r=S1-(1/sqrt2(S5+S7))$

$S52=S52i= - j (S3 -S7/sqrt2-S5/sqrt2))$

$S62=S21+jS61$

$S72=S72r=S1+(1/sqrt2(S5+S7))$

$S72=S72i= j (S3 +1/sqrt2(S7-S5))$

CAPÍTULO 5

RESULTADOS E DISCUSSÃO

Este capítulo mostra os resultados da simulação e as medidas de desempenho dos vários multiplicadores, tanto em multiplicadores Assinado como Não Assinado. Os multiplicadores propostos são concebidos utilizando Verilog estrutural e simulados no compilador Cadence RTL com tecnologia de 180 nm.

O desempenho dos vários multiplicadores, tanto para o multiplicador assinado como para o não assinado. Além disso, o DIT proposto da arquitectura FFT é avaliado em termos de potência, área e atraso.

5.1 SOFTWARE

O compilador Cadence RTL com tecnologia de 180 nm é uma ferramenta de verificação e simulação para VHDL, Verilog, System Verilog e desenhos de linguagem mista. A tecnologia Cadence RTL oferece numerosas ferramentas para a depuração e análise do desenho de Análogos e Digitais.

A cadência é uma ferramenta de software para síntese e análise de desenhos HDL, permitindo ao programador sintetizar ("compilar") os desenhos, realizar análises temporais, examinar esquemas RTL, simular uma reacção dos desenhos a diferentes estímulos, e configurar o dispositivo alvo com o programador.

5.2 RESULTADOS DA SIMULAÇÃO

5.2.1 Implementação do Multiplicador Baugh Wooley de 4 bits utilizando o Cadence RTL com tecnologia de processo de 180nm.

O desenho de implementação de 4*4 Multiplicador Baugh Wooley, tanto assinado como não assinado, com a visão Esquema deRTL e Tecnologia.

Na figura 5.1,mostra tanto a visão RTL como a Tecnologia.

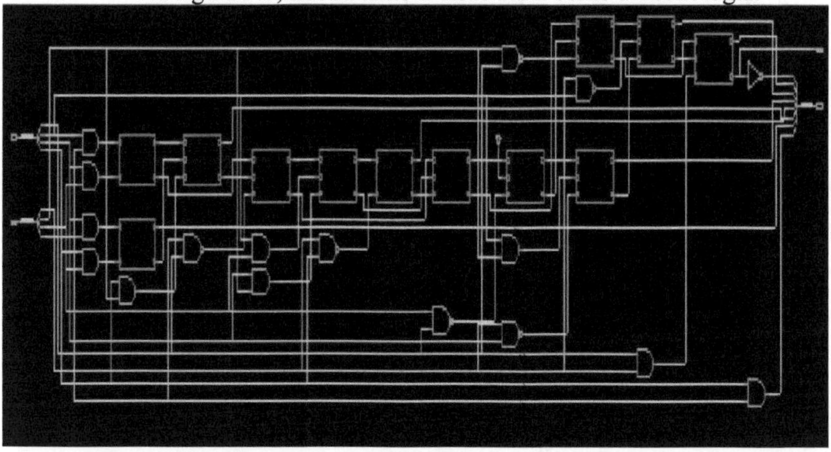

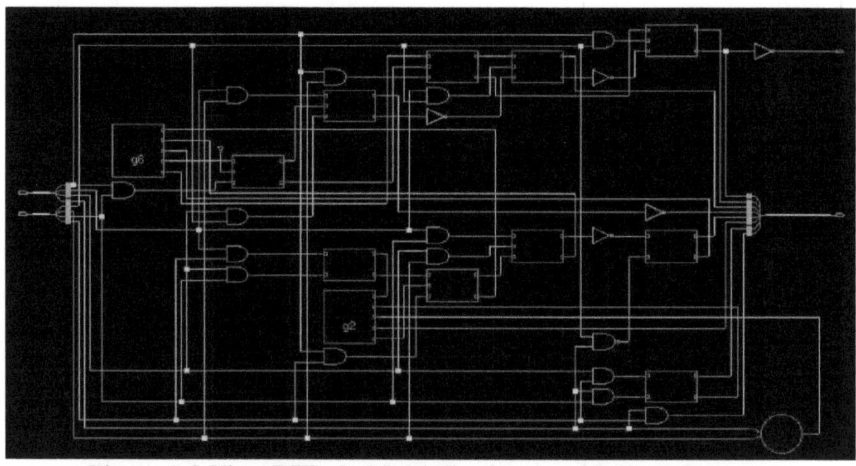

Figura 5.1 Vista RTL do Multiplicador Baugh Wooley de 4 bits.

5.2.2 Implementação do Multiplicador de 4-bit Pezaris Array usando Cadence RTL com tecnologia de processo de 180nm.

O desenho de implementação do Multiplicador de 4- bit Pezaris Array com o Esquema de RTL e a Vista Tecnológica. Na figura 5.2, mostra-se abaixo tanto a visão de RTL como a visão de Tecnologia.

Figura 5.2 Vista RTL do Multiplicador de 4-bit Pezaris Array

5.2.3 Implementação de Multiplicador de Cabina de 4 bits usando Cadence RTL com tecnologia de processo de 180nm.

O desenho de implementação de 4*4 Multiplicador de Cabinas, tanto assinado como não assinado, com a visão Esquema de RTL e Tecnologia. Na figura 5.3, mostra-se abaixo tanto a visão de RTL como a de Tecnologia.

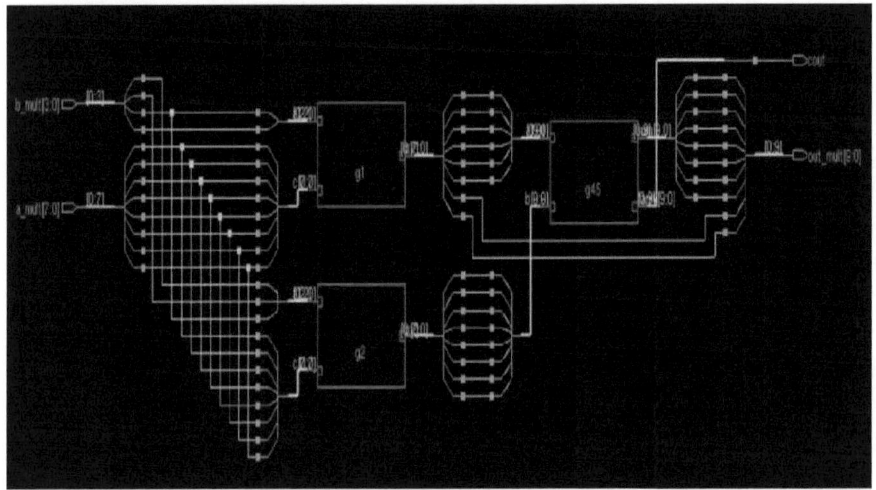

Figura 5.3 Vista RTL do Multiplicador de Cabines de 4 bits.

5.2.4 Implementação do Multiplicador Védico de 4 bits usando Cadence RTL com tecnologia de processo de 180nm.

O desenho de implementação de 4*4 Multiplicador Védico, tanto assinado como não assinado, com o Esquema deRTL e a Vista Tecnológica.

Na figura 5.4, mostra-se abaixo tanto a visão RTL como a Tecnologia.

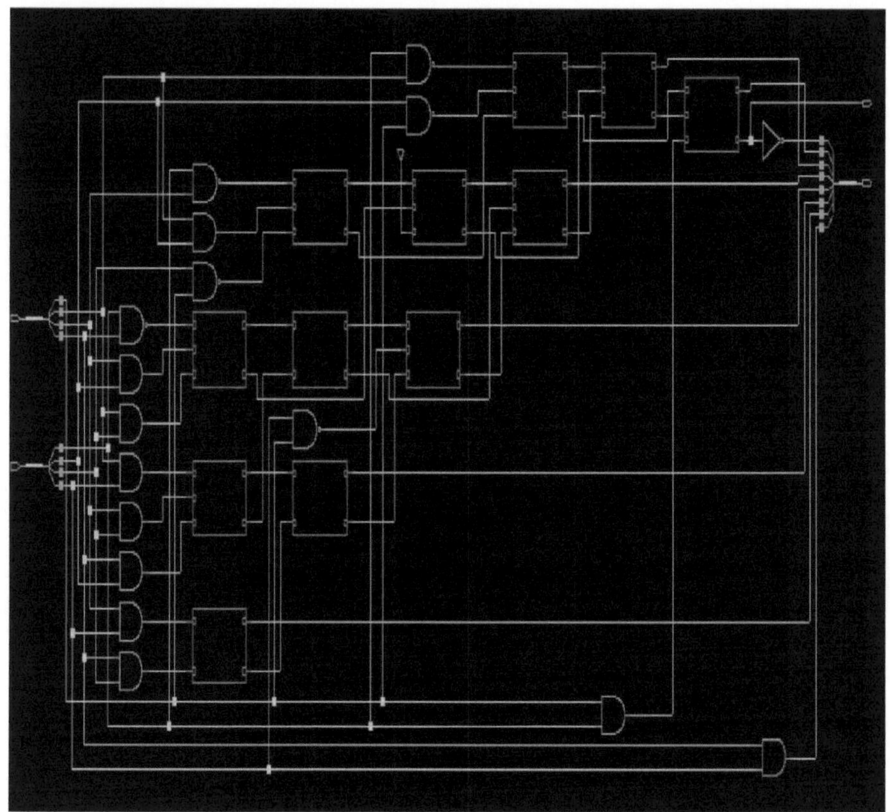

Figura 5.4 Vista RTL do Multiplicador Védico de 4 bits.

5.2.5 Implementação de Multiplicador Baseado em Compressor Usando Cadence RTL com tecnologia de processo de 180nm.

O desenho de implementação de 4*4 Multiplicador baseado em Compressores, tanto assinado como não assinado, com a visão Esquema deRTL e Tecnologia.

Na figura 5.5, mostra-se abaixo tanto a visão RTL como a Tecnologia.

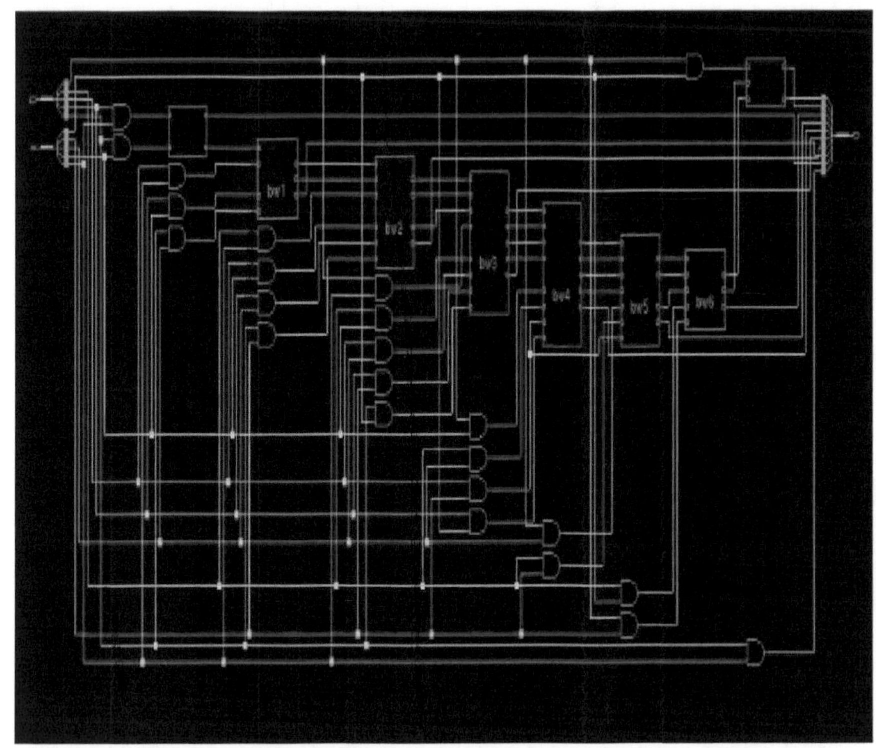

Figura 5.5 Vista RTL do Multiplicador baseado em Compressor

5.2.6 Implementação do DIT de 4 pontos para FFT utilizando a Cadence RTL complier com tecnologia de processo de 180nm.

O desenho de implementação do DIT de 4 pontos para FFT com a visão Esquema de RTL e Tecnologia.

Na figura 5.6, mostra-se abaixo tanto a visão RTL como a Tecnologia.

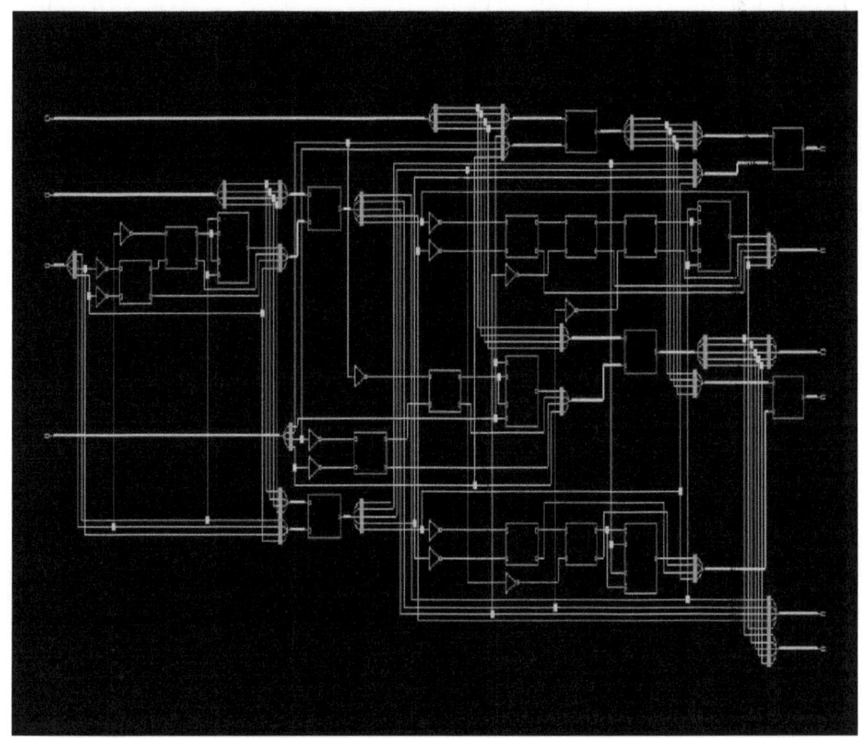

Figura 5.6 Vista RTL do DIT de 4 pontos para Arquitectura FFT.

5.2.7 Implementação do DIT de 8 pontos para FFT utilizando a Cadence RTL complier com tecnologia de processo de 180nm.

O desenho de implementação de 8 pontos DIT para FFT com a visão Esquema de RTL e Tecnologia.

Na figura 5.7, mostra-se abaixo tanto a visão RTL como a Tecnologia.

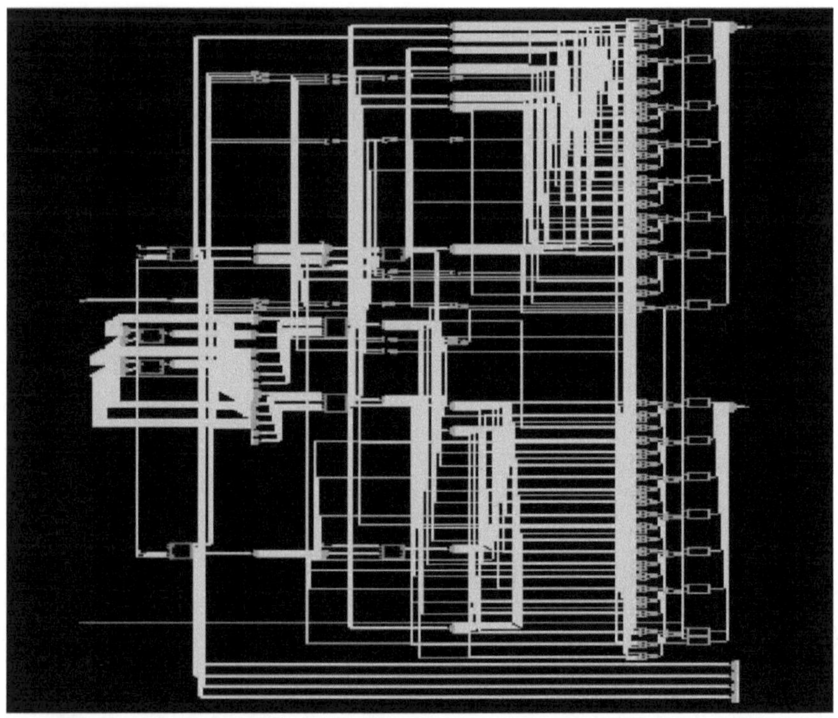

Figura 5.7 Vista RTL do DIT de 8 pontos para Arquitectura FFT.

5.3 COMPARAÇÃO DE DESEMPENHO DE DIFERENTES TIPOS DE MULTIPLICADORES

A análise comparativa para diferentes multiplicadores e implementação em decifração na Transformada de Fourier de Tempo Rápido (FFT) em termos do número de potência, área e atraso é apresentada no Quadro 5.3.1 e 5.3.2.

Quadro 5.3.1 Observações deVários multiplicadores

Parameters	BW Multiplier	Pezaris Multiplier	Booth Multiplier	Vedic Multiplier	Compressor based multipliers
Power (nw)	48671.496	**48093.229**	83038.871	54528.066	66497.328
Area (m)	898	**862**	1627	898	2229
Delay (ps)	3428	**1766**	3428	2575	4851

Tabela 5.3.2 Observações doDIT (Decimation in Time) para a Arquitectura FFT

FFT Architecture	Power (nw)	Area(m)	Delay (ps)
4-POINT DIT	164764.776	1946	2019
8-POINT DIT	22595.910	22150	**343**

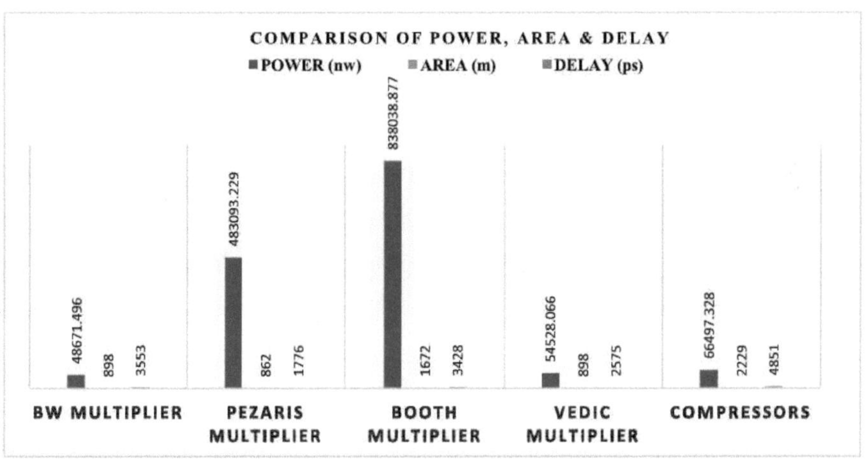

Figura 5.8 Comparação de potência, área e atraso para Baugh Wooley, Pezaris, Booth, Vedic e Multiplicador baseado em Compressor.

CAPÍTULO 6

CONCLUSÃO

Este documento descreve uma comparação entre vários multiplicadores e a implementação de multiplicadores nas arquitecturas DIT FFT. Poder, área e atraso são considerados como as principais restrições e são sintetizados através da utilização da tecnologia Cadence 180nm. Observa-se que o multiplicador Pezaris Array fornece valores optimizados para várias restrições **como em termos de potência, área e atraso em 1%, 4%, 94% quando comparado com o multiplicador Baugh Wooley, 72%, 88%, 94% quando comparado com o multiplicador Booth, 13%, 4%, 45% quando comparado com o multiplicador Vedic.** O multiplicador é implementado no Radix-2, algoritmo DIT FFT de 4 pontos e 8 pontos e os seus parâmetros mostram melhores resultados. Assim, os resultados mostram que o multiplicador Pezaris Array pode ser utilizado para todas as aplicações eficientes e as arquitecturas FFT podem ser tomadas para aplicações de alta velocidade.

6.1 FUTURO TRABALHO

No futuro, esta abordagem pode ser aplicada para a multiplicação de dígitos assinados e não assinados, que pode fornecer um método eficiente para a arquitectura DIF (Decimation in Frequency) FFT e pode ser utilizada para várias aplicações DSP.

REFERÊNCIAS

[1] Abhishek Mukherjee, e Abhijit Asati, (2013) 'Generic Modified Baugh Wooley Multiplier,' International Conference on Circuits, Power and Computing Technologies(ICCPCT).

[2] R. Abhilash, Sanjay Dubey, e M.C. Chinnaiah, (2016) 'ASIC Design of Signed and Unsigned Multipliers Using Compressors', IEEE.

[3] Jorn Stohmann, e Erich Barke, (1997) 'A Universal Pezaris Array Array Multiplier Generator for SRAM-Based FPGAs', IEEE.

[4] Y. D. Kapse, Pooja R. Sarangpure, e Komal M. Lokhande, (2017) 'Review on a Compressor Design and Implementation of Multiplier using Vedic Mathematics', IJARCCE, Vol. 6, Issue 2.

[5] R. Marimuthu e P. S. Mallick, (2017) 'Design of Efficient Signed Multiplier Using Compressors for FFT Architecture', JESTR, ISSN: 1791-2377.

[6] Savita Nair, e Ajit Saraf, (2014) 'A Review Paper on Comparison of Multipliers based on Performance Parameters,' International Journal of Computer Applications, ICAST.

[7] Magnus Sjalander, e Per Larsson-Edefors, (2008) 'High-Speed and Low-Power Multipliers Using the Baugh-Wooley Algorithm and HPM Reduction Tree,' IEEE.

[8] Nuno Bandeira, Ken Vaccaro, e James A. Howard, (1983) 'A Two's Complement Array Array Multiplier Using True Values of the Operands', IEEE Transactions on Computers, Vol. C. 32, No. 8.

[9] Pramod S. Aswale, Mukesh P. Mahajan, Manjul V. Nikumbh, Omkar S. Vaidya (2015) 'Implementation of Baugh-Wooley Multiplier and Modified Baugh Wooley Multiplier Using Cadence (Encounter) RTL,' IJSETR, Vol. 4, Número 2.

[10] Pramodini Mohanty, (2013) 'An Efficient Baugh Wooley Architecture for

Signed and Unsigned Fast Multiplication', NIET, Vol. 1, Issue 2.

[11] Rahul Shrestha, e Utkarsh Rastogi, (2016) 'Design and Implementation of Area-Efficient and Low-Power Configurable Booth-Multiplier', CVEST, International Institute of Information Technology.

[12] Ravindra P. Rajput, e M. N. Shanmukha Swamy, (2012) 'High Speed Modified Booth Encoder Multiplier for signed and unsigned numbers', International Conference on Modelling and Simulation.

[13] Shweta Bhandange, Tejal Salunke, Kiran Shinde, e G. Kamde Archana (2017) 'Implementation of Modified Baugh Wooley Signed Multiplier,' IJIRCCE, Vol. 5, Número 2.

[14] Shubhangi M. Joshi, (2015) "FFT Architectures": A Review,' International Journal of Computer Applications, Vol. 116, No. 7.

[15] D. Srinu, S. Rambabu, e G. Leenendra Chowdary, (2014) 'Implementation of High Speed Signed Multiplier Using Compressor', IJAREEIE, Vol. 3, Issue 3.

[16] Sherin Alex & Sunita Deshmukh, (2014) 'Overview of A Power Efficient Baugh Wooley Multiplier,' ICMSET Proceedings.

[17] K. Sowjanya, e Leela Kumari Balivada, (2013) 'Design and Performance Analysis of 32 and 64 Point FFT using Multiple Radix Algorithms', International Journal of Computer Applications, Vol. 78, No. 1.

[18] Shiann-Rong Kuang, e Jiun-Ping Wang, (2010) 'Design of Power-Efficient Configurable Booth Multiplier,' IEEE Transactions on Circuits and Systems, Vol. 57, No.3.

[19] Udari Naresh, G. Ravi, e K. Srinivasa Reddy, (2014) 'Implementation of Modified Booth Encoding Multiplier for signed and unsigned 32-bit numbers', IOSR-JECE, ISSN: 2278-2834, Vol. 9, Issue 4, pp. 50-58.

[20] Vikas Kaushik, e Himanshi Saini, (2017) 'A Review on Comparative Performance Analysis of Different Digital Multipliers,' Advances in Computational Sciences and Technology, ISSN 0973-6107, Vol 10, No. 5, pp.

1257-1272.

yes
I want morebooks!

Buy your books fast and straightforward online - at one of world's fastest growing online book stores! Environmentally sound due to Print-on-Demand technologies.

Buy your books online at
www.morebooks.shop

Compre os seus livros mais rápido e diretamente na internet, em uma das livrarias on-line com o maior crescimento no mundo! Produção que protege o meio ambiente através das tecnologias de impressão sob demanda.

Compre os seus livros on-line em
www.morebooks.shop

Printed by Books on Demand GmbH, Norderstedt / Germany